Bibliografische Information der Deutschen Nationalbibliothek:

Die Deutsche Bibliothek verzeichnet diese Publikation in der Deutschen National-
bibliografie; detaillierte bibliografische Daten sind im Internet über http://dnb.d-
nb.de/ abrufbar.

Impressum:

Copyright © 2015 GRIN Verlag, Open Publishing GmbH
Druck und Bindung: Books on Demand GmbH, Norderstedt Germany
ISBN: 978-3-668-02178-5

Dieses Buch bei GRIN:

http://www.grin.com/de/e-book/303066/transactions-in-bionic-patents-vol-9-fluid-
dynamisch-wirksames-zentralsymmetrisches

Michael Dienst

Transactions in Bionic Patents, Vol. 9: Fluiddynamisch wirksames, zentralsymmetrisches Strömungsprofil aus geometrischen Grundfiguren

GRIN Verlag

Transactions in Bionic Patents

Traktat über die Beiträge zu den "Transactions in Bionic Patents"

Die "Transactions in Bionic Patents" bilden eine Sammlung von Schriften zu Patent- und Gebrauchsmusteranmeldungen im Themenfeld Biologie & Technik die in loser Reihenfolge und Terminus erscheint.

Gegenstand der Beiträge zu den Schriften der "Transactions in Bionic Patents" sind Gestaltungsfragen und die kritische Auseinandersetzung mit aktuellen Themen der Bionik, also Technik nach Vorbildern aus der belebten und unbelebten Natur und ihre patentrelevante Umsetzung.

Mit den "Transactions in Bionic Patents" soll der Fortschritt auf dem Gebiet der angewandten Bionik dadurch gefördert werden, dass die dargestellten Patente und Gebrauchsmuster frei von Rechten Dritter und mit ausdrücklicher Genehmigung der Patentanmelder und Inhaber dem Leser dieser Schriften zur Nutzung verfügbar werden.

Gleichzeitig wird ein tieferes Verständnis der Bionik innerhalb des Fachs und der Öffentlichkeit her- und ein rezentes Problemfeld wirklichkeitsnah und verständlich dargestellt. Als Übergeordneter Aspekt gilt es, Lösungswege der Übertragung biologischer Phänomene zu untersuchen, auszuleuchten und Fragestellungen die im Zusammenhang stehen mit Natur und Technik nachzugehen sowie Forschung und Ausentwicklung zum Thema anzustoßen

Die Beiträge zur Schriftensammlung "Transactions in Bionic Patents" sind in deutscher Sprache verfasst. Dem Text kann eine teilweise oder vollständige Übersetzung in englischer Sprache beigestellt werden; Art, Umfang, Anordnung und Organisation der Textteile sind dem Autor überlassen und frei. Die englische Fassung soll den Umfang der deutschen Fassung nicht überschreiten.

In einer Ausgabe der Schriftensammlung "Transactions in Bionic Patents" soll nur ein Werk platziert werden. Der Text kann durch Abbildungen ergänzt werden; die Bildrechte und andere Urheberrechte sind dabei zu achten.

Die jeweiligen Gebrauchsmuster- oder Patentschriften sind dem Anhang beigefügt.

M. Dienst, Berlin.

<u>Gebrauchsmuster Nr. 20 2014 009 798.4</u>

IPC	IPC: F15D 1/10
Bezeichnung:	Fluiddynamisch wirksames, zentral-symmetrisches Strömungsprofil für Transversalpaddel aus geometrischen Grundfiguren. Intern: BLB-Profil
Tag der Anmeldung	05.12.2014
Tag der Eintragung	22.01.2015
Interne Kennung	(GM297)
Anmelder	Dienst, Mi. Wilhelm Gericke Str. 39, 13437 Berlin
PatentStatusDPMA	20 2014 009 798.4

(19) Deutsches Patent- und Markenamt

(10) **DE 20 2014 009 798 U1** 2015.03.05

(12) **Gebrauchsmusterschrift**

(21) Aktenzeichen: **20 2014 009 798.4**
(22) Anmeldetag: **05.12.2014**
(47) Eintragungstag: **22.01.2015**
(45) Bekanntmachungstag im Patentblatt: **05.03.2015**

(51) Int Cl.: **F15D 1/10** (2006.01)
B63H 16/04 (2006.01)

(73) Name und Wohnsitz des Inhabers:
 Dienst, Michael, 13437 Berlin, DE

Die folgenden Angaben sind den vom Anmelder eingereichten Unterlagen entnommen

(54) Bezeichnung: **Fluiddynamisch wirksames, zentralsymmetrisches Strömungsprofil für Transversalpaddel aus geometrischen Grundfiguren**

Fluiddynamisch wirksames, zentralsymmetrisches Strömungsprofil aus geometrischen Grundfiguren

Technische Beschreibung

Fluiddynamisch wirksames, zentralsymmetrisches Strömungsprofil aus geometrischen Grundfiguren

Die Erfindung betrifft ein fluidmechanisch wirksames, zentralsymmetrisches Strömungsprofil, dessen Kontur mit geringen deklaratorischen Mitteln beschreiben werden kann. Der Erfindung liegt die Idee eines Strömungsprofils zu Grunde, das durch das geometrische Element Ellipse beschrieben und durch lediglich zwei Parameter eindeutig definiert ist. Das Strömungsprofil ist für Kraft- und Arbeitstragflächen geeignet. Ausprägungen und Varianten des fluidmechanisch wirksamen Strömungsprofils können in Serien systematisiert und geordnet werden.

Das Strömungsprofil kann skaliert und parametrisiert werden derart, dass es für Strömungsbedingungen fluidmechanisch wirksam und geeignet ist, die durch kleine Anströmgeschwindigkeiten und kleine geometrische Bauteilabmessungen gekennzeichnet sind.

Stand der Technik und der Wissenschaft.

Profile für Kraft- und Arbeitstragflächen. Das Strömungsprofil bezeichnet die Form eines Strömungskörpers in Strömungsrichtung des umgebenden Fluids. Die Kontur eines Strömungsprofils bezeichnet die umhüllende Gestalt des Strömungskörpers. Besonders konturiert sind Strömungsprofile für Krafttragflächen und Arbeitstragflächen. Durch die spezifische Form von Kraft- und Arbeitstragflächen und durch die Umströmung des Fluids kommt es zu einem Wechselwirkungsgeschehen, das durch Energieaustausch gekennzeichnet ist.

Krafttragflächen sind fluidmechanisch wirksame Tragflügel die geeignet sind, vornehmlich dem bewegten umgebendem Fluid Energie zu entziehen. Beispiele sind die Repellertragflächen einer Windkraftanlage, die Schaufeln einer Fließwasserkraftanlage oder ein Kanupaddel während des Manövrierens.

Arbeitstragflächen sind fluidmechanisch wirksame Tragflügel die vornehmlich Energie in ein umgebendes Fluid einkoppeln. Beispiele sind die Leit- und Steuerflächen von Luft- und Seefahrzeugen, Schaufeln von fluid- mechanischen Antrieben und das Paddel eines Kanus oder eines Kajaks.

Für Kraft- und Arbeitstragflächen vom Stand der Technik wird in der Regel eine mechanisch starrer Form, ein deklaratorisch definiertes Profil und eine nichtflexible Kontur angestrebt. Die Profile von Kraft- und Arbeitstragflächen nach Stand der Technik sind hinsichtlich ihrer Lateralkontur in der Regel entweder definiert symmetrisch oder definiert asymmetrisch.

Zentralsymmetrische Profile sind in der Konstruktionspraxis und in der Anwendung für Seefahrzeuge eher unüblich. Eine Ausnahme bildet die gekrümmte Platte (längensymmetrisches Profil) oder ebene Platte (lateral- und längensymmetrisches Profil) für einfachste Kraft- und Arbeitstragflächen. Ein Anwendungsgebiet sind Kanupaddel, Kajakpaddel und Wriggpaddel.

Bei einfachen geometrischen Formen, etwa den Konturen von ebenen Plattenprofilen, bei Wölbplattenprofilen oder bei einfach gekröpften Knickplattenprofilen ist der Deklarationsaufwand gering. Eine geschlossene mathematische Beschreibung in Gestalt einfacher Formeln existiert. Bei manchen Profilformen vom Stand der Technik und vor dem Hintergrund hoher Präzisionsansprüche an das Konstruieren, das Fertigen von Kraft- und Arbeitstragflächen und für das Messen oder die mathematische Handhabung von Konturen von Profilen von Kraft- und Arbeitstragflächen ist der Deklarationsaufwand, der auch die mathematischen Interpolationsmodelle betrifft, erheblich. Es ist nach Stand der Technik und der Wissenschaft üblich, Koordinaten der Konturen von Strömungsprofilen sowie die zugehörigen mathematischen Handhabungsmethoden in Datenbanken zu hegen (siehe hierzu: The Airfoil Investigation Database, [W-1] [W-2] und UIUC Airfoil Coordinates Database [W-3]). Die Grundbeschreibung eines Strömungs-profils nach Stand der Technik erfolgt mit den geometrischen Größen Tiefe t[m], Dicke d[m] und anderen Parametern, wie der Wölbung f[m] und Wölbungsrücklage xf[m]. Als generalisierte, auf die Profiltiefe t bezogene Größen folgt somit beispielsweise die (spezifische, auf die Profiltiefe bezogene) Profildicke d/t [%].

Stand der Wissenschaft. Biologie.

In der belebten Natur übernehmen fluidmechanisch wirksame Tragflügel Leit-, Steuer- und Propulsionsaufgaben, die dem Wesen zur Mobilität dienen oder das Manövrieren ermöglichen. Dabei sind beidseitig beaufschlagbare Tragflügelsysteme mit elastischen und in der neutralen Ruhelage symmetrischen Profilen ausgebildet. Profile biologischer Tragflügel sind auf unterschiedliche Weise strömungsadaptiv. Eine grundsätzliche Zuordnung dieser hochintegralen Biostrukturen zu Kraft- und Arbeitstragflächen gelingt aufgrund der komplexen fluidmechanischen Aufgaben-stellungen nicht. Die Brustflossen mancher Wale (etwa Buckelwale) besitzen Profile, die sowohl lateral- und zentralsymmetrisch (also im übertragenen Sinne vorwärts und rückwärts fahrbar) sind und beidseitig beaufschlagbare lateral- und längensymmetrische Tragflügel darstellen. Die *Pectoralflosse* (Brustflosse) der Wale enthält im Gegensatz zur Schwanzflosse Knochen und entspricht, anatomisch gesehen, dem Vorderbein des Wirbeltierskeletts. Entsprechende beidseitig beaufschlagbare, zentral-, lateral- und längensymmetrische

Tragflügel, die sowohl als Kraft- und als auch als Arbeitstragflächen dienen, kommen in der rezenten Technik nicht vor.

Problembeschreibung

Bei der Entwicklung von fluidmechanisch wirksamen Kraft- und Arbeitstragflächen werden die Koordinaten der Konturen der Strömungsprofile Profilkatalogen entnommen. Dies stellt im Zeitalter hoch entwickelter mathematischer Berechnungs- und Handhabungsmethoden und vergleichsweise leicht verfügbarer Datenbankbestände keinerlei Problem dar. Dennoch taucht in für Strömungsanwendungen typischen Entwicklungs- und Nutzungsszenarien, etwa in Forschungslabors (Prototypenbau) und im von kleinen und mittelständigen Unternehmen geprägten Yacht- und Bootsbau (Einzelanfertigungen, Unikate, Reparatur) häufig das Problem auf, dass die Geometriedaten der Konturen von Profilen für fluidmechanisch wirksame Kraft- und Arbeitstragflächen oder für Profillehren, Formen und anderer Fertigungsmittel in einer für die Bauteiloptimierung und/oder die Fertigung nicht geeigneten Form vorliegen. Für die Beschreibung von Konturen nach dem Stand der Technik wird auf Datenbanken oder Profiltabellen zurückgegriffen [Abbo-59] [Eppl-90] [Gorr-17] [Katz-01] [W-2][W-3].

Dass einfache mathematische Beschreibungen der Profilkontur nur für ebene Plattenprofile und andere sehr einfache Profile existiert und es nach Stand der Technik und der Wissenschaft üblich ist, Koordinaten der Konturen von Strömungs-profilen in Datenbanken zu hegen, führt in der Labor-, Reparatur und in der Bootsbaupraxis dazu, dass durch Konstruktion und gestalterische Vorgabe vorgesehene Profile nur unzureichend in Formen und in Bauteilkonturen wieder-gegeben werden können.

Problemlösung

Die Erfindung betrifft ein fluidmechanisch wirksames, in lateraler Achse
(Achse der Bewegungsrichtung) nichtsymmetrisches, jedoch wechselseitig
beaufschlagbares, zentralsymmetrischen Strömungsprofil, dessen Kontur
durch das geometrischen Element Ellipse beschrieben und durch zwei
Parameter [p1][p2] vollständig und eindeutig definiert ist, wie folgt:
"*PROFILKONTUR* [p1][p2]".

Das Profil ergibt sich aus der Überlagerung zweier zentralsymmetrischer
Halbellipsen und bildet ein in Hauptströmungsrichtung asymmetrisches
Strömungsprofil aus.

Die zentralsymmetrischen Halbellipsen besitzen eine Dicke, entsprechend
der Summe des halben Durchmessers des Konstruktionskreises do/2 der
oberen Halbellipse und des halben Durchmessers des Konstruktionskreises
du/2 der unteren Halbellipse. Mit dem Parameter p1 sei der spezifische, auf
die Profiltiefe t der Arbeitstragfläche bezogene, Durchmesser du/t des
Konstruktionskreises der unteren Halbellipse benannt. Mit dem Parameter p2
sei der spezifische, auf die Profiltiefe t der Arbeitstragfläche bezogene,
Durchmesser do/t des Konstruktionskreises der oberen Halbellipse benannt.
Die Kontur des zentralsymmetrischen Profils entsteht, indem die obere und
die untere Halbellipse eine gemeinsame Kontur bilden.

Das Strömungsprofil "*PROFILKONTUR* [p1][p2]" ist für Kraft- und
Arbeitstragflächen, geeignet. Ausprägungen und Varianten des
fluidmechanisch wirksamen Strömungs-profils können in Serien
systematisiert und geordnet werden.

Erzielbare Vorteile

Mit dem fluidmechanisch wirksamen, zentralsymmetrischen Strömungsprofil, dessen Kontur durch zwei Halbellipsen mit gemeinsamen Konstruktionskreismittelpunkt beschrieben wird und diese Kontur durch zwei Parameter vollständig und eindeutig definiert ist, wird erreicht, dass

(1)   in der Baupraxis, in der Reparatur- und Instandhaltungspraxis Strömungs-bauteile und/oder deren Fertigungsmittel wie Profillehren oder Formen durch einfache mathematische Beziehungen (Ellipsengleichung) beschrieben werden können und   (2)   in der Konstruktionspraxis geometrische Vorgaben möglich werden oder existieren, die auch vom Laien mit geringsten Mitteln umgesetzt werden können und   (3)   die Erfindung zur Simplifizierung der Konstruktion und zur Robustheit im Betrieb der Kraft- und Arbeitstragflächen mit derartigen Profilen und Profilkonturen beiträgt. Dies ist von wirtschaftlichem Interesse.

Da das die Betriebsweise bestimmende Strömungsprofil skaliert und parametrisiert werden kann derart, dass es für unterschiedliche Anströmbedingungen fluidmechanisch wirksam und geeignet ist, ergibt sich ein großer technischer und wirtschaftlicher Anwendungsbereich.

Konturlinien, Achsen, Punkte und abgeleitete Größen.

KLLo		Konturlinie der oberen profilerzeugenden Halb-Ellipse
KLLu		Konturlinie der unteren profilerzeugenden Halb-Ellipse
KKo		Konstruktionskreis der oberen profilerzeugenden Halb-Ellipse
KKu		Konstruktionskreis der unteren profilerzeugenden Halb-Ellipse
RKKo	[m]	Radius des Erzeugendenkreises der oberen Halb-Ellipse
RKKu	[m]	Radius des Erzeugendenkreises der unteren Halb-Ellipse
BP		Bugpunkt des Profils
HP		Heckpunkt des Profils
ZP		Zenterpunkt des Profils
VZA		Vertikale Zentralachse (Symmetrieachse)
HZA		Horizontale Achse der Erzeugendenkreise der Halb-Ellipsen
t	[m]	Profiltiefe
do	[m]	Erzeugendenkreis-Durchmesser (oben) aus do = 2 RKKo
du	[m]	Erzeugendenkreis-Durchmesser (unten) aus do = 2 RKKu
do/t	[%]	spezifischer Erzeugendenkreis-Durchmesser (oben)
du/t	[%]	spezifischer Erzeugendenkreis-Durchmesser (unten)

Aufbau des Profils

Die Konturlinie der oberen profilerzeugenden Halb-Ellipse KLLo und die
Konturlinie der unteren profilerzeugenden Halb-Ellipse KLLu repräsentieren
die Gesamtkontur des fluiddynamisch wirksamen Tragflügelprofils der
Arbeitstragfläche des transversal betriebenen Paddels. Der Bugpunkt BP und
der Heckpunkt HP spannen die (Profil-) Tiefe t des Tragflügelprofils auf. Die
Kontur des Profils wird durch zwei Ellipsen mit gemeinsamen Zenterpunkt ZP
des Konstruktionskreises KKo der oberen Halbellipse und des
Konstruktionskreises KKu der unteren Halbellipse beschrieben und durch die
zwei Parameter p1 und p2 benannt und vollständig und eindeutig definiert.
Mit dem Parameter p1 sei der spezifische, auf die Profiltiefe t der
Arbeitstragfläche bezogene, Durchmesser du/t des Konstruktionskreises der
unteren Halbellipse benannt. Mit dem Parameter p2 sei der spezifische, auf
die Profiltiefe t der Arbeitstragfläche bezogene, Durchmesser do/t des
Konstruktionskreises der oberen Halbellipse benannt. Abbildung Figur 1 stellt
die relevanten Größen und Konturen des Profils schematisch dar.

Aus der schematischen Darstellung der Abbildung Figur 1 ergeben sich alle
Beziehungen, die zu einer Konstruktion des Profils notwendig sind. Für alle
Punkte P(x,y) die Element einer Ellipse sind, gilt die Ellipsengleichung
$(x^2/a^2)+(y^2/b^2) = 1$. Für die obere Halbellipse ist das a gegeben mit a = do/2.
Für die untere Halbellipse ist a gegeben mit a = (du)/2. Für beide
Halbellipsen ist b gegeben mit b=t/2.

Mit dem Parameter p1, dem spezifischen, auf die Profiltiefe t der
Arbeitstragfläche bezogenen, Durchmesser du/t des Konstruktionskreises der
unteren Halbellipse und dem Parameter p2, dem spezifischen, auf die
Profiltiefe t der Arbeitstragfläche bezogenen Durchmesser do/t des
Konstruktionskreises der oberen Halbellipse des

asymmetrischen Profils ist die "*PROFILKONTUR* [p1][p2]" definiert.

Wirkungsweise

Für die Beschreibung der Wirkungsweise eines fluidmechanisch wirksamen (symmetrischen) Strömungsprofils werden in der Regel und nach Stand der Technik Messkanaluntersuchungen und/oder Berechnungen an Tragflügeln unter genau definierten Bedingungen angestellt. Die physikalische Wirksamkeit eines Strömungs-profils mit der Kontur: "*PROFILKONTUR* [p1][p2]" wird durch hier potentialtheoretische Verfahren verifiziert [Mial-05]. Berechnungsgrößen sind in Tabelle 1 angegeben. Die Berechnungsergebnisse sind in Tabelle 2 angegeben. Die Tabellenwerte zeigen Auftriebsbeiwerte Ca [-] und Widerstandsbeiwerte Cw[-] des Strömungsprofils "*PROFILKONTUR* [10][40]" im relevanten Geschwindigkeit (ausgedrückt über die dimensionslose Reynoldszahl) im Medium Wasser für verschiedene Anstellwinkel α [°]. Das Auftriebsmaximum ist bei etwa α [°] = 15 angesiedelt ist und erreicht dort den Wert Ca > 3. Damit ist die (theoretische) physikalische Wirksamkeit des Strömungsprofils hinsichtlich der Querkrafterzeugung gegeben.

Bibliographie und Quellen

[Abbo-59]   Ira H. Abbott, Albert E. von Doenhoff: Theory of Wing Sections:
             Including a Summary of Airfoil Data. Dover Publications, NY
             1959,

[Eppl-90]   Richard Eppler: Airfoil Design and Data. Springer, Berlin 1990,

[Gorr-17]   Edgar Gorrell, S. Martin: Aerofoils and Aerofoil Structural
             Combinations. In: NACA Technical Report. Nr. 18, 1917.

[Katz-01]   Joseph Katz, Allen Plotkin: Low-Speed Aerodynamics
             (Cambridge Aerospace Series) Cambridge University Press; 2
             edition (2001)

[Mial-05]   B. Mialon, M. Hepperle: "Flying Wing Aerodynamics Studies at
             ONERA and DLR", CEAS/KATnet Conference on Key
             Aerodynamic Technologies, 20.-22. Juni 2005, Bremen.

[W-1]   http://de.wikipedia.org/wiki/Profil (abgerufen 11032013)

[W-2]   The Airfoil Investigation Database,
             http://www.worldofkrauss.com/foils/578 (abgerufen 11032013)

[W-3]   UIUC Airfoil Coordinates Database, (abgerufen 11032013)
             http://www.ae.illinois.edu/m-selig/ads/coord_database.html

Tabelle 1.: In den Berechnungen verwendete Größen, Formeln, Stoffwerte

Profiltiefe	t	[m]
Konstruktionskreisdurchmesser	$d = 2R$	[m]
spezifischer Konstruktionskreisdurchmesser	d/t	[%]
Auftriebsbeiwert:	Ca	[-]
Widerstandsbeiwert:	Cw	[-]
Reynolds-Zahl	$Re = v \cdot L / n$	[-]
Dichte, Wasser (20[°C])	$\rho(\text{Wasser})=$ 998	[kg m^{-3}]
kinematische Zähigkeit	$\nu(\text{Wasser})=$ 0,000001012	[m^2 s^{-1}]
Schallgeschwindigkeit	$a(\text{Wasser})=$ 1484	[m s^{-1}]

Tabelle 2.: Auftriebsbeiwert Ca[-] und Widerstandsbeiwert Cw[-] als Funktion
des Anstellwinkels α [°], „PROFILKONTUR [10][40]"
Medium Wasser 20[°], Reynoldszahl Re = 10^6 , Berechnete Werte
(Potentialtheorie)

α	Ca	Cw
[°]	[-]	[-]
-40	-0,63	0,35195
-36	-0,67	0,27613
-32	-0,69	0,19968
-28	-0,669	0,1585
-24	-0,575	0,12718
-20	-0,384	0,09749
-16	-0,438	0,02728
-12	-0,191	0,01581
-8	0,309	0,01598
-4	0,864	0,01659
0	1,407	0,01974
4	1,881	0,02352
8	2,379	0,02978
12	2,833	0,03799
16	3,158	0,04905
20	3,274	0,06451
24	3,136	0,08876
28	2,691	0,12969
32	2,154	0,20181
36	1,718	0,29193
40	1,406	0,35979

Fluiddynamisch wirksames, zentralsymmetrisches Strömungsprofil aus geometrischen Grundfiguren

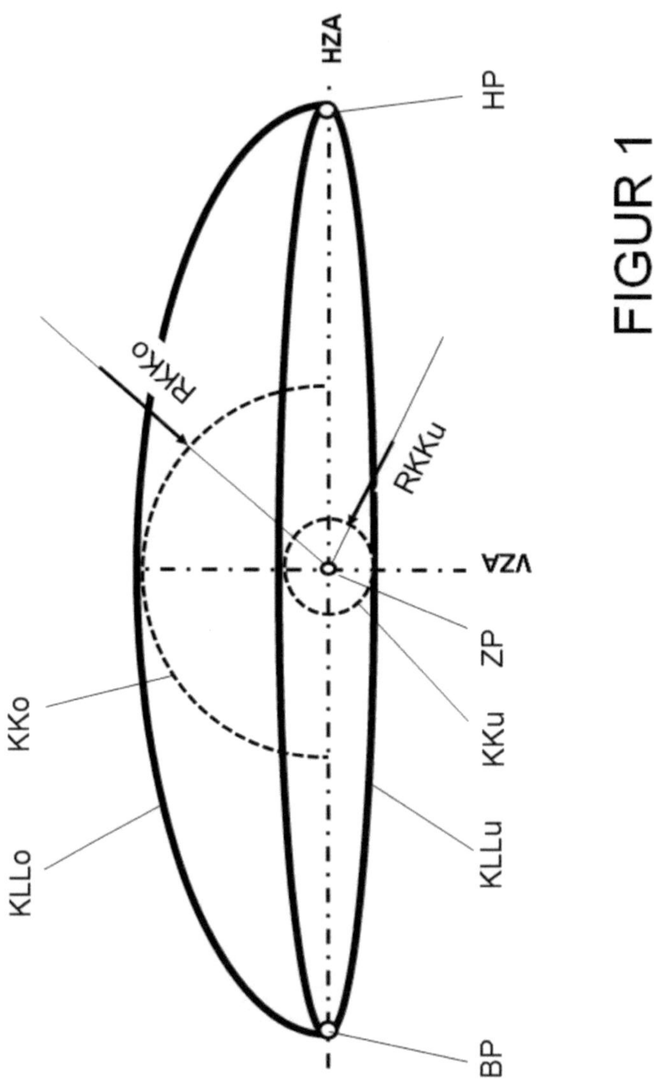

BEI GRIN MACHT SICH IHR WISSEN BEZAHLT

- Wir veröffentlichen Ihre Hausarbeit,
  Bachelor- und Masterarbeit

- Ihr eigenes eBook und Buch -
  weltweit in allen wichtigen Shops

- Verdienen Sie an jedem Verkauf

Jetzt bei www.GRIN.com hochladen
und kostenlos publizieren